Scoutetten

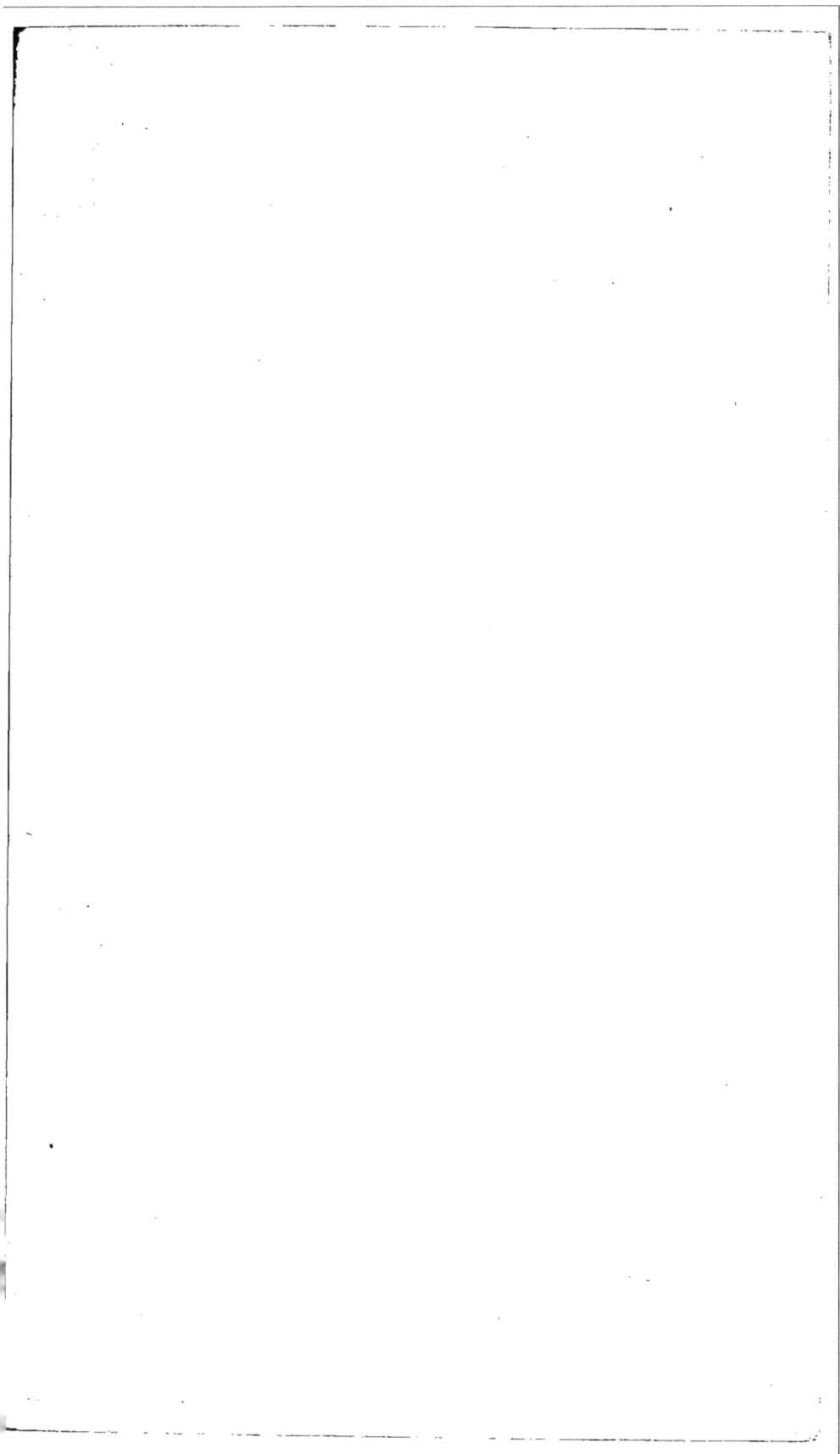

T6 50/22

DISCOURS

PRONONCÉ

LE 19 FÉVRIER 1834,

A L'OUVERTURE DU COURS PUBLIC

DE

PHRÉNOLOGIE,

PROFESSÉ PAR

LE DOCTEUR SCOUTETTEN,

Membre de l'Académie des sciences de Metz, correspondant de l'Académie des curieux de la nature de Berlin, etc., etc.

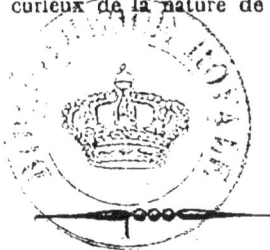

METZ.

LAMORT, IMPRIMEUR DE L'ACADÉMIE ROYALE.

1834.

DISCOURS

PRONONCÉ

LE 19 FÉVRIER 1834,

A L'OUVERTURE DU COURS PUBLIC

DE

PHRÉNOLOGIE.

————————

M. M.

Lorsqu'un fait nouveau se révèle à l'intelligence humaine, et qu'il est interprété par la puissance créatrice du génie, les vérités qui en découlent s'harmonisent rapidement et établissent ces rapports puissants et logiques de causes et d'effets qui constituent un système.

L'on sait quel fut le point de départ de Galilée, de Newton, de Leibnitz, et, comme si toutes les sciences d'un ordre élevé devaient offrir une origine analogue, ce fut un fait, en apparence fort stérile, qui conduisit Gall à la création de la Phrénologie; système philosophique le plus remarquable et le plus fécond en applications utiles que l'esprit humain ait encore conçu.

C'est ce système que nous nous proposons de vous exposer, et pour que vous puissiez, dès ce jour, en apprécier avec nous toute l'importance, je veux vous présenter un aperçu rapide de l'origine de la découverte, de son développement progressif, et de ses conséquences par rapport à la direction nouvelle qu'elle doit imprimer à nos facultés morales et intellectuelles, ainsi qu'aux sciences qui en émanent.

Le docteur Gall naquit, en 1758, d'une famille peu fortunée qui habitait le grand duché de Baden. Dès sa jeunesse, il vécut au sein de sa famille, composée de plusieurs frères et sœurs, et au milieu d'un grand nombre de camarades et de condisciples. Chacun de ces individus avait un talent, un penchant, une faculté qui le distinguait des autres. Cette diversité détermina leur indifférence, leur aversion ou leurs affections réciproques. « Nous jugeâmes bientôt, dit Gall, qui, parmi nous, était vertueux ou enclin au vice, modeste ou fier, franc ou dissimulé, véridique ou menteur, paisible ou querelleur, bon ou méchant, etc.; chacun de nous se signalait par son caractère propre, et je n'observai jamais que celui qui une année avait été un camarade fourbe et déloyal, devînt l'année d'après un ami sûr et fidèle (1). »

L'esprit observateur de Gall lui fit faire bientôt

(1) Introduction à l'ouvrage sur l'origine des qualités morales et des facultés intellectuelles ; pages 2 et 3.

d'autres remarques, il s'aperçut que les condisciples qu'il avait le plus à redouter, étaient ceux qui apprenaient par cœur avec une si grande facilité que, lorsqu'on faisait des examens, ils lui enlevaient assez souvent la place qu'il avait méritée par ses compositions.

Ayant changé plusieurs fois de séjour, il eut le malheur de rencontrer encore des élèves doués d'une grande mémoire, et ce ne fut pas sans étonnement qu'il reconnut que ces derniers ressemblaient, par de gros yeux saillants, à ses premiers condisciples qui l'avaient tant de fois désespéré par leur trop grande facilité à apprendre leurs leçons.

« Rien n'était plus amusant, ainsi que le dit fort justement un de ses élèves, que le docteur Gall racontant lui-même, dans ses cours, quels momens de tristesse, de chagrin, d'ennui, il eut à dévorer au temps de ses études, de la part de ceux à qui la nature avait accordé ces gros yeux qui l'avaient poursuivi de collége en collége. Cependant ce furent ces mêmes douleurs, ces mêmes chagrins qui devaient être pour lui l'occasion des observations et des méditations auxquelles il faut rapporter l'origine de la phrénologie (1). »

Gall quitta l'Allemagne pour venir terminer ses études à l'université de Strasbourg. Ses observations

_____

(1) Le docteur Bailly, de Blois. Voyez le Musée des familles ; janvier 1834.

premières se confirmèrent bientôt par de nouveaux faits, et c'est alors qu'il commença à soupçonner qu'il devait exister une connexion entre cette conformation des yeux et la facilité d'apprendre par cœur. Pendant long-temps Gall continua ses recherches comme il les avait commencées, poussé seulement par son penchant à l'observation et à la réflexion; s'abandonnant au hasard, et recueillant durant plusieurs années tout ce qu'il lui offrait. Ce ne fut qu'après avoir cumulé une masse de faits analogues entre eux, qu'il se sentit en état de les ranger par ordre, et qu'il en aperçut successivement les résultats.

Gall ne tarda point à quitter Strasbourg pour se rendre, en 1781, à Vienne, en Autriche. Il y commença l'étude de la médecine, et il apprit bientôt qu'on ignorait, à cette époque, les fonctions du cerveau. Il se rappela alors ses premières observations, et il soupçonna, ce qu'il ne tarda pas à porter jusqu'à la certitude, que la différence de la forme des têtes est occasionnée par la différence de la forme des cerveaux. Mais, jamais il ne lui vint à la pensée, ainsi qu'on le lui a ridiculement prêté, que la cause des qualités morales ou des facultés intellectuelles fût dans tel ou tel endroit des os du crâne.

Dès ce moment, Gall conçoit l'espoir de fonder une physiologie du cerveau et de se mettre en état de déterminer un jour le rapport existant entre les forces morales et intellectuelles et l'organisme. Aussitôt il commence une collection de bustes, moulés en plâtre, des hommes doués d'inclinations et de talens distingués. Il recueille les crânes des hommes et des animaux, et cherche à déduire des rapports et des différences qu'ils présentent entre eux, les qualités ou les mauvais penchans des individus auxquels ils avaient appartenu : ses premiers essais ne furent pas heureux. Encore pénétré de la division des facultés intellectuelles établie par les écoles de philosophie, il voulut trouver, dans la forme générale de la tête, les signes qui annonçaient l'attention, la mémoire, le jugement, l'imagination, etc. Ses recherches infructueuses lui montrèrent bientôt qu'il était dans une mauvaise voie.

Un jour on lui apprit qu'une demoiselle avait une mémoire excellente ; qu'elle se souvenait d'un concert entier, et qu'en rentrant chez elle, elle pouvait répéter tous les airs qu'elle avait entendus. Cette demoiselle cependant, n'avait pas les yeux saillants. Presque dans le même instant, on fit voir à Gall une autre demoiselle qui avait la plus grande facilité à reconnaître les personnes, lors même qu'elle ne les avait aperçues qu'une seule fois. Cette demoiselle ne présentait pas non plus une saillie notable des yeux. Peu de temps après, un mendiant, interrogé par Gall, lui apprend que son orgueil l'a réduit à la mendicité ; que, dès son enfance, se croyant supérieur aux autres hommes, il n'avait rien voulu apprendre. Le sommet de la tête de cet homme était très-saillant, configuration remarquable chez tous ceux qui se signalent par leur orgueil.

Gall comprit aussitôt, par ces exemples, qu'il fallait abandonner toutes les idées philosophiques qu'il avait adoptées et que ce n'était plus l'ensemble de la tête qu'il fallait étudier, mais bien les diverses formes que chacune de ses parties peut offrir. Gall revint au langage vulgaire et il ne tarda pas à reconnaître combien sont justes ces expressions : tel est né poète, musicien, métaphysicien, calculateur, peintre, etc.

Placé sur cette route, Gall s'anime d'un nouveau zèle : il examine successivement la tête des musiciens, des poètes, des mécaniciens, des mathématiciens, des peintres, en un mot de tous les artistes célèbres doués d'un grand talent naturel. Il recherche également les personnes remarquables dans le monde par un penchant bien déterminé ; il fait une collection moulée en plâtre, de crânes appartenant à des individus braves, poltrons, rusés, voleurs, bons, méchans, circonspects, étourdis, fiers, orgueilleux, vains, etc. Il visite les prisons et se fait montrer les meurtriers, les voleurs, les faussaires, les incendiaires, etc. Il recueille des faits innombrables dans les écoles et les grands établissemens d'éducation, dans les maisons d'orphelins et d'enfans trouvés, dans les maisons de correction, dans les hospices des fous. Enfin, il fait d'innombrables recherches sur les suicides, sur les imbécilles, les aliénés, et sur toutes les altérations des facultés intellectuelles et des penchants, par suite des lésions du système nerveux de la tête. C'est ainsi que Gall accumula, pour fonder sa doctrine, une réunion de preuves telles que jamais aucun homme n'en eut de semblables à sa disposition, pour établir le système le mieux démontré.

Jusqu'ici Gall n'avait employé que des moyens physiognomoniques pour découvrir les fonctions du cerveau. Mais la physiologie est incomplète, souvent fausse, sans l'étude de l'anatomie. Gall le sentait et il se livrait à des recherches multipliées pour offrir enfin la preuve irrécusable de la solidité de son système, lorsque le hasard vint lui présenter l'occasion de traiter une femme hydrocéphale. Dans cette maladie, le cerveau renferme une quantité d'eau, quelquefois considérable, et donne à la tête un volume énorme. Cette femme qui vécut jusqu'à 54 ans avait conservé presque toutes ses facultés intellectuelles ; circonstance remarquable, et qui était en désaccord avec l'opinion des médecins qui, à cette époque, croyaient que, dans l'hydrocéphalie, il y avait dissolution de la substance du cerveau ; elle ne se conciliait nullement, en outre, avec le sentiment des philosophes qui admettent que le cerveau est le siège de l'âme.

Gall sentit toute l'importance du phénomène qui se présentait à son observation. Il offre à cette femme de la traiter, de la nourrir et de fournir à tous les besoins de son existence si elle consent à lui livrer, après sa mort, le moyen de vérifier ses doutes, ou plutôt sa découverte. Cette femme accepte et, par testament notarié, lègue sa tête à Gall. La malade ne mourut que plusieurs années après avoir contracté ce singulier engagement.

Les recherches anatomiques furent faites avec le plus grand soin : le cerveau contenait environ quatre livres d'eau, et Gall vit avec une satisfaction indicible la justesse de ses prévisions se vérifier pleinement. Le cerveau, en effet, n'offrait aucune trace de destruction réelle ; ses fibres ne s'étaient qu'écartées, sans se rompre, et formaient une véritable poche membraneuse.

Encouragé par ses succès, Gall commence à Vienne des cours publics, où il expose ses découvertes sur la structure et les fonctions du cerveau ; il signale et démontre l'ignorance de ses devanciers et prépare ainsi les immenses travaux sur lesquels s'appuient les connaissances que possède aujourd'hui la médecine sur le système nerveux. La jeunesse de Vienne suivait avec ardeur les cours de Gall ; l'un des élèves les plus assidus et les plus distingués, le docteur Spurzheim, embrasse avec ferveur les idées de son maître, et il en devient bientôt l'ami et le collaborateur.

La doctrine de Gall n'était encore connue que de quelques savans du nord de l'Allemagne, lorsqu'une circonstance imprévue permit à son fondateur de la propager dans les pays où l'on ignorait peut-être jusqu'à son existence.

Gall aimait tendrement son père, et il y avait 25 ans qu'il ne l'avait vu lorsqu'il en reçut quelques lignes qui lui peignaient vivement le bonheur qu'il éprouverait à l'embrasser avant de mourir. Gall n'hésite point, il rassemble ses collections et, accompagné du docteur Spurzheim, il quitte Vienne au commencement de l'année 1805.

Après avoir rempli dignement les devoirs de la piété filiale, Gall voyage dans le midi de l'Allemagne, et il expose, dans toutes les villes principales, les découvertes qu'il a faites. Son enthousiasme eut à lutter contre les erreurs, les préjugés et les préventions sans nombre que lui suscitaient souvent l'ignorance, l'orgueil et la mauvaise foi. Son courage ne faiblit point un seul instant, et plusieurs fois il goûta le bonheur d'être favorablement accueilli par les savans, les philosophes, les artistes.

Après avoir voyagé dans une grande partie de l'Europe, Gall vint enfin à Paris, en 1808, et il ne tarda point à y professer sa doctrine avec un zèle soutenu et une conviction profonde. La mort seule, qui le frappa en 1828, mit fin à ses travaux immeness et consciencieux.

Les découvertes de Gall ne furent point accueillies en France, comme elles méritaient de l'être. Mal comprises par les savans auxquels elles venaient d'être soumises, elles furent bientôt attaquées avec violence par la critique, la satyre et les injures; et, ce qu'il y eut de plus redoutable, c'est qu'on parvint à jeter le ridicule sur le petit nombre de prosélytes qu'elle avait faits. Pendant long-temps, Gall fut représenté comme un visionnaire, et les journaux, les théâtres, l'offrirent en risée à l'ignorance publique.

Pendant que les obstacles s'accumulaient, Gall ne se décourageait pas; ses recherches se multipliaient et bientôt il ne fut plus permis de méconnaître ses découvertes anatomiques sur le système nerveux. Une réaction s'opéra, et l'on vit les détracteurs les plus acharnés s'empresser d'admettre ce qui n'était plus contestable, mais ce fut pour attaquer aussitôt le mérite de la priorité. Le temps fit justice de toutes ces clameurs.

Le docteur Spurzheim, animé de la même conviction que Gall, quitta bientôt Paris pour se rendre en Angleterre. Les principes de la science nouvelle, exposés avec talent, par cet habile médecin, furent reçus avec un empressement qui faisait contraste avec le dédain de la France. Les savans, les philosophes, les hommes du monde examinèrent avec conscience et sévérité les faits qu'on leur soumettait et les conséquences qu'on voulait en déduire, et bientôt, convaincus par la solidité et la multiplicité des preuves qui leur étaient offertes, ils embrassèrent avec enthousiasme une doctrine qui leur offrait une voie nouvelle pour arriver à l'amélioration intellectuelle et morale de l'homme.

Les succès de Spurzheim l'engagèrent à parcourir les villes principales de la grande Bretagne, de l'Ecosse et de l'Irlande : partout ses efforts reçurent les mêmes encouragemens. Bientôt les partisans de la nouvelle doctrine devinrent assez nombreux pour se réunir, et aujourd'hui il existe, en Angleterre, 28 sociétés actives, intelligentes, possédant chacune de riches collections formées de plusieurs milliers de têtes d'hommes de toutes les nations, et d'animaux de toutes les espèces. Ces sociétés possèdent des documens immenses sur les faits moraux, intellectuels et instinctifs de l'homme et des animaux ; elles ont appliqué les conséquences de la doctrine à l'instruction populaire et elles ont vulgarisé les connaissances phrénologiques jusqu'à en donner des notions exactes à beaucoup d'artisans ; il y a peu d'années, qu'un chapelier de Londres a publié un mémoire fort bien fait, sur la forme des têtes qu'il a examinées, et les observations qu'il a recueillies ne sont pas favorables à la majorité des grands seigneurs de la capitale de l'Angleterre.

Spurzheim revint en France ; il y resta durant plusieurs années, dévouant sa vie à l'œuvre philosophique qu'il avait entreprise. Ses travaux donnèrent naissance à plusieurs ouvrages qu'il a publiés soit en français, soit en anglais ; ils contribuèrent au développement de la doctrine, et ils donnèrent un aperçu plus vrai de la physiologie des organes dont le cerveau est composé.

Spurzheim, fatigué des obstacles que rencontraient les vérités qu'il défendait, quitta de nouveau la France et se rendit en Amérique. L'ami de Gall reçut l'accueil le plus honorable et le plus encourageant de ce peuple ennobli par la liberté : Les succès les plus brillans récompensèrent promptement son zèle ; et, de même qu'en Angleterre, des sociétés phrénologiques se formèrent dans plusieurs des villes principales des Etats-Unis. Une mort trop prompte enleva malheureusement Spurzheim à la science et à l'humanité ; il succomba l'année dernière, à Boston, victime de son courageux prosélytisme. La description des funérailles de cet homme de bien atteste tout à la fois de l'immense considération qu'il s'était acquise, et de la reconnaissance, profondément sentie, des citoyens pour lesquels il s'était dévoué.

Ce n'est, pour ainsi dire, qu'après avoir fait le tour du monde, que la phrénologie revint en France, grandie par une expérience immense et appuyée de l'assentiment des peuples les plus éclairés.

Quelques hommes, jeunes encore, eurent enfin le courage de lever l'interdit que l'ignorance et la mauvaise foi avaient jeté sur les travaux de Gall. Georget, médecin et philosophe, osa se proclamer le défenseur des vérités nouvelles ; Georget, connu par son esprit droit et consciencieux, réveilla l'attention des hommes que n'arrêtaient point des préventions ridicules ou des antécédents trop prononcés.

La doctrine de Gall fut soumise à un examen nouveau, et l'on vit bientôt l'admiration et l'enthousiasme succéder au discrédit le plus complet. Une société phrénologique s'établit à Paris, les philosophes, les artistes, les médecins, les philanthropes les plus éclairés s'empressèrent de faire partie de cette réunion. Un journal, créé sous ses auspices, paraît périodiquement et rapporte les faits et les applications qui intéressent le plus vivement la doctrine. Chaque année, une séance publique signale les travaux de la société qui, jusqu'à ce jour, a reçu du gouvernement des encouragemens flatteurs; et il y a peu de temps que le ministre de l'instruction publique a fait recueillir, en Angleterre, tous les documens relatifs aux sociétés phrénologiques et à l'influence qu'elles exercent sur la direction donnée à l'enseignement.

Enfin quelques hommes animés du zèle le plus ardent et le plus désintéressé n'ont pas craint de sacrifier leur fortune à la propagation de la phrénologie, et un français, M. Vimont, vient de publier un ouvrage immense pour lequel il a exposé 60,000^f; ce travail, véritable monument élevé à la phrénologie, renferme deux milles têtes d'hommes ou d'animaux lithographiées avec le plus grand soin.

Éclairé par ses découvertes, Gall comprit rapidement quelles devaient en être les applications à la philosophie, aussi se livra-t-il avec ardeur à l'étude de tous les systèmes philosophiques inventés par les anciens et les modernes , afin de connaître les analogies ou les dissemblances qui existent soit entre eux , soit avec la doctrine qu'il venait professer. Une remarque le frappa dès le début de ses recherches ; c'est que les philosophes de tous les âges avaient méconnu ou négligé l'étude de l'homme physique , et n'avaient saisi que des phénomènes dont ils ignoraient la cause productrice. Alliant alors ces phénomènes selon les rapports qu'ils croyaient avoir saisis , ils expliquaient l'homme d'après des théories , souvent marquées du sceau du génie , mais toujours erronées , puisque la base n'était ni solide ni constante : de là la diversité sans nombre de tous les systèmes de philosophie. Qui ne conçoit, en effet, que vouloir analyser les facultés de l'homme , sans connaître sa constitution intérieure ; raisonner sur ses actions sans avoir préalablement étudié les organes qui concourent à les produire , c'est évidemment agir comme quelqu'un qui voudrait expliquer le mouvement des aiguilles d'une montre , sans avoir vu l'intérieur du mécanisme ? Si vous ne connaissez les ressorts , le nombre des roues , les conditions d'engrénage , comment expliquerez-vous la raison pour laquelle l'une des aiguilles marche douze fois plus vîte que l'autre ? En observant le mouvement de ces aiguilles vous pourrez bien constater ce fait, mais arriverez-vous jamais, par la seule réflexion, à concevoir le vrai mécanisme de leur vîtesse relative ?

Dès ce moment Gall regarda comme prouvé que

la marche des anciens, et tous les systèmes de philosophie sur l'essence de nos facultés, ne peuvent nous conduire à une explication plausible et satisfaisante de la nature de l'homme; il reconnut que la faculté appétitive, l'instinct en général, la faculté intellectuelle, la raison, la volonté, le libre arbitre, etc., tels que les philosophes les professent, ne sont que des facultés occultes, semblables à celles de l'ancienne physique, et que la croyance à ces idées ne peut qu'arrêter les progrès de la civilisation, et nous conduire à une foule d'erreurs sur le principe d'où elles découlent. A quoi ont abouti, en effet, toutes les doctrines enfantées par ces sages si vantés de la Grèce, et tout ce que Descartes, Malebranche, Leibnitz, Locke, Condillac, Kant, etc., ont ajouté successivement aux Entéléchies de Platon, et aux Entités d'Aristote? En sommes-nous plus avancés sur la nature et l'essence de l'âme, sur la connaissance de ses attributs et de ses facultés, sur le libre arbitre, etc.? Toutes les difficultés qui existaient sont-elles résolues? Avons-nous fait un pas de plus dans la véritable connaissance de nous-mêmes? Ne voyons-nous pas se reproduire journellement toutes les opinions des philosophes et les décisions des théologiens sur les qualités métaphysiques des êtres intellectuels? Enfin, toutes les hypothèses sur un semblable sujet sont nécessairement très-hasardées, et au moins superflues, si elles ne sont nuisibles; nous voyons des savans y

2

revenir continuellement, et ne pouvoir se résoudre à abandonner toutes ces futiles abstractions. Serait-il donc moins sage et moins raisonnable de nous restreindre aux manifestations de nos facultés intellectuelles et de nos qualités morales, sur lesquelles nous pouvons porter nos recherches?

Tel est précisément le mérite de Gall, d'avoir osé, le premier, ramener la philosophie de l'homme à ces conditions.

Que nous importe, dit-il, ces questions subtiles sur l'union incompréhensible de deux substances aussi opposées que l'âme et le corps? Qu'elles soient unies un peu plus tôt ou un peu plus tard; que leur action réciproque soit l'effet d'un médiateur plastique, ainsi que le pensaient les anciens, ou celui d'un fluide éthéré, comme l'ont voulu beaucoup d'autres, ou encore le résultat de l'intervention immédiate de Dieu même, selon que le prétend Malebranche, c'est ce que nous ne pourrons jamais vérifier, quoi que fassent les psycologues. Ce qui prouve la futilité de toutes ces questions, c'est qu'elles n'ont effectivement contribué en rien à perfectionner la science de l'homme, et que tous ceux qui s'en sont occupés, n'ont fait que tourner et retourner quelques mots vides de sens, sans sortir du même cercle. Ce qu'il nous importe vraiment de connaître, ce sont les motifs qui nous déterminent à agir, ce sont les forces qui sont les principes immédiats de nos actions et les causes qui peuvent les modifier;

ce sont, en un mot, les instincts, les penchans les aptitudes et toutes les dispositions qui peuvent concourir à préciser le caractère et les propriétés des individus et des espèces, et non ces abstractions et ces généralités métaphysiques, telles que la sensation, l'attention, la réflexion, le jugement, la mémoire, l'imagination, le désir, la volonté, la liberté, etc., qui, étant des qualités communes à tous les hommes, ne peuvent, en aucune manière, servir à caractériser tel ou tel individu. Expliquera-t-on jamais avec ces généralités les penchans de l'homme, tels que l'amour physique, l'amitié, l'attachement, etc., et ses aptitudes spéciales, telles que le talent de la musique, celui de la peinture, de la poésie, de la mécanique, des mathématiques, etc.? Non pas que ces facultés ne soient réelles, mais parce que vouloir les employer à distinguer les hommes entre eux, c'est précisément comme si on voulait faire servir l'étendue, l'impénétrabilité, la pesanteur et les autres propriétés générales de la matière, à signaler chaque corps en particulier.

Après avoir prouvé que les sensations, les besoins, l'attention, le plaisir, la douleur, les désirs, les passions, le climat, et les relations sociales ne peuvent donner naissance à aucun instinct, à aucun penchant, sentiment ou talent, ni à aucune aptitude industrielle, intellectuelle ou morale ; après avoir démontré que l'éducation peut bien perfectionner, détériorer, comprimer ou diriger les facultés que l'homme ou les animaux ont reçues de la nature, mais qu'elle ne peut ni détruire complètement celles qu'ils ont, ni leur communiquer celles qui leur ont été refusées; Gall remarque, en premier lieu, que tous les animaux, à peine sortis du sein de leur mère, ou de la coque qui les contenait, exercent des actes, même assez compliqués, sans aucune éducation préalable, et avant d'avoir calculé si ces actes sont liés ou non à leur conservation; que, par exemple, l'araignée, à peine éclose, tisse la toile qui doit lui procurer des mouches pour exister; que la tortue s'achemine aussitôt vers l'eau la plus prochaine, traînant après elle les débris de la coque qui la contenait; que le jeune chien, le petit chat, l'agneau, le veau, le poulain, etc., cherchent aussitôt la mamelle où ils doivent puiser leur nourriture; que ce n'est point à l'éducation de sa mère que la guêpe-maçonne doit l'adresse avec laquelle elle construit ses rayons; considérant enfin que les animaux, soit privés, soit sauvages, présentent, dans leurs facultés et leurs mœurs, des différences analogues à celles que l'on remarque entre les hommes, et que, ne pouvant alléguer comme cause de ces différences, ni l'éducation, ni la mauvaise volonté, non plus que les impressions des objets extérieurs sur les sens, Gall se croit autorisé à conclure que *les penchants et les facultés des hommes et des animaux sont innés.*

Telle est une des idées primordiales du docteur Gall, et telles sont les considérations qui l'ont conduit à l'adopter comme le premier des quatre principes qui servent de fondement à sa doctrine.

Gall, considérant ensuite que les aptitudes, les facultés intellectuelles et les qualités morales, chez tous les animaux, comme chez l'homme, diffèrent selon la constitution, les sexes et une foule de circonstances matérielles qu'il est impossible de méconnaître ; qu'elles changent d'objet et de forme dans l'enfance, l'adolescence, la puberté, l'âge viril et la vieillesse; qu'elles diffèrent encore suivant la qualité et la quantité des alimens, et selon que la digestion est facile ou laborieuse; que le sommeil, l'ivresse, les maladies, sont autant de causes qui affaiblissent, suppriment, exaltent ou altèrent, de mille manières, les fonctions intellectuelles, Gall adopte pour second principe de sa doctrine que *l'exercice de nos instincts, de nos penchans, de nos facultés intellectuelles et de nos qualités morales, quel que soit d'ailleurs le principe auquel on les rapporte, est soumis à l'influence des conditions matérielles et organiques.*

Continuant avec la même persévérance et la même sagacité l'examen sévère des fonctions attachées aux diverses parties de l'organisme, Gall prouve qu'aucun des organes de la vie intérieure, tels que le cœur, l'estomac, le poumon, le foie, les intestins, les reins, les plexus, les ganglions, les nerfs grands sympathiques, etc., ne peut être ni le principe, ni le siége d'aucune affection, d'aucun instinct, d'aucune aptitude, d'aucune faculté intellectuelle, ni d'aucune qualité morale ; que les parties des organes des sens, ou du mouvement volontaire, tels que les yeux, les oreilles, la bouche, le nez, les joues, les doigts, les mains, etc., ne peuvent être non plus la source d'aucune faculté instinctive, intellectuelle ou morale ; qu'on ne peut pas plus attribuer ces forces à l'ensemble de l'organisme ni aux tempéramens, attendu que chacune de toutes ces parties a des fontions propres qui sont connues, et qui sont d'une nature contradictoire avec celles dont il est ici question: rassemblant d'ailleurs de nombreux faits d'anatomie et de physiologie humaine, d'anatomie et de physiologie comparée, de pathologie et d'histoire naturelle, qui montrent qu'un développement plus considérable des organes cérébraux favorise et augmente l'exercice des fonctions intellectuelles et morales, et imprime aux autres organes une manifestation plus énergique de leurs propriétés, Gall conclut, et admet pour troisième principe de sa doctrine, que *le cerveau est l'organe de tous nos instincts, nos penchans, nos sentimens, nos aptitudes, nos facultés intellectuelles et de toutes nos qualités morales.*

Mais au lieu de s'arrêter, comme ses prédécesseurs, à ce principe connu, Gall pousse ses observations plus loin, et prétend, d'après ses propres découvertes, que *chacun de nos instincts, de nos penchans, de*

nos sentimens, de nos talens, et chacune de nos
facultés intellectuelles et morales, a, dans le cer-
veau, une partie qui lui est spécialement affectée,
un siége déterminé, et que le développement de ces
diverses parties, qui forment comme autant de
petits cerveaux ou d'organes particuliers, se ma-
nifeste à la surface extérieure de la tête, par des
signes ou des protubérances visibles et palpables,
de sorte que, par l'examen de ces protubérances,
on peut reconnaître, au tact ou à la vue, les dis-
positions et les qualités intellectuelles et morales
propres à chaque individu.

Mais, nous devons le dire, ce quatrième et dernier
principe fondamental du système de Gall, est celui
qui a rencontré le plus de contradicteurs et d'incré-
dules.

Néanmoins, convaincu de l'importance de ses travaux et de l'heureuse influence qu'ils doivent avoir
sur nos institutions; rassuré d'ailleurs par la pureté de
ses intentions et affermi par les nombreux faits qu'il a
recueillis en faveur de ce principe, il ne balance point à
le regarder, aussi bien que les autres, comme une des
bases essentielles de sa nouvelle doctrine, qui, selon
lui, est la seule qui explique d'une manière satisfaisante l'ensemble des phénomènes que présente
l'homme intellectuel et moral, aux diverses époques
de son existence (1).

_____

(1) Extr. du Précis analytique et raisonné du système du docteur
Gall, Quatrième édition, in-12, 1829.

Ajoutons encore que cette prétention que Gall justifiait si fréquemment et si complètement, ne saurait appartenir à tous les adeptes de la phrénologie. Ce serait une grande erreur de penser qu'il suffit d'effleurer les principes de cette science pour arriver à faire de suite des applications sûres et précises à l'inspection des formes de la tête. Pour obtenir ce résultat il faut des études sérieuses, longues, variées, et surtout il faut s'être livré à des comparaisons nombreuses, qui permettent enfin de saisir les rapports et les dissemblances qui existent dans la conformation des crânes : et, lorsque vous serez parvenu, par des efforts constans et bien dirigés, à compléter votre éducation anatomique, vous ne pourrez pas encore avancer que tel homme a tel talent, telle qualité ou tel vice, mais seulement qu'il possède l'aptitude nécessaire pour avoir le talent, la qualité ou le vice que son organisation vous révèle. Gall, messieurs, n'a pas eu d'autre pensée ; jamais il n'a dit vous êtes, mais bien vous pouvez être un musicien, un poète, un mathématicien, etc.

Tel est l'exposé rapide des principes fondamentaux de la doctrine de Gall et des faits qui lui servent de base.

Dès son apparition les attaques les plus violentes et les insinuations les plus calomnieuses furent dirigées sur son auteur. Gall fut, tout à la fois accusé d'athéisme, de fatalisme, de matérialisme, d'impiété, de folie. Cette explosion d'outrages, presque unanimes, parvint un moment à égarer le public , mais Gall ne sentit point son courage abattu , ni ses forces défaillir. Sa foi était trop vive et sa conviction trop solidement appuyée par des faits innombrables , pour qu'il ne fût pas sûr de repousser victorieusement les sophismes et les déclamations de ses adversaires.

Eh ! quoi , disait-il , vous m'accusez d'athéisme ! moi qui depuis vingt ans , ai sacrifié tous mes instants à l'étude de l'homme et de la nature , moi qui suis encore palpitant d'admiration au souvenir des merveilles que l'organisation des êtres vivans m'a dévoilés ! Oh , certes, il faudrait être bien inconséquent ou avoir une organisation bien malheureuse , pour ne point reconnaître qu'une puissance surnaturelle a établi ces liens étroits et nécessaires entre tous les corps de la nature, et cette harmonie qui régularise les fonctions et les actes de tous les êtres vivans à la surface du globe. Bien plus , j'ai démontré ce que les philosophes avaient à peine entrevu : car tandis qu'ils cherchaient à trouver en dehors de l'homme les causes qui le conduisent à la notion d'un être suprême, j'ai découvert, dans l'homme lui-même , le véritable motif de ses croyances religieuses ; et certes , il ne saurait y avoir de preuve plus puissante de l'existence de la divinité que ce sentiment inné , émané de la puissance créatrice , *et révélé par l'organisation matérielle.*

Le reproche de fatalisme ne fut pas moins facile à repousser. Gall démontra promptement qu'il existe un

rapport nécessaire entre les actes et les causes détermi-
nantes, et que ce serait la plus insigne maladresse et
l'erreur la plus évidente que de prétendre que l'homme
n'est point modifiable et que toutes ses actions sont
soumises à une inévitable nécessité. Gall reconnaît,
au contraire, chez l'homme, toute la force de la raison,
et il démontre qu'elle suffit presque toujours pour repousser et anéantir les impulsions fâcheuses de l'instinct.
Qui pourrait en outre méconnaître la puissance de l'é-
ducation ? Ne sait-on pas qu'elle parvient à changer
le caractère et les instincts les plus énergiques. Et s'il
était besoin de preuves nouvelles nous vous citerions
l'exemple étonnant qui chaque jour frappe nos yeux,
et qui prouve que l'éducation suffit, même chez les
animaux féroces, pour vaincre les impulsions instinc-
tives les plus impérieuses.

Le reproche de matérialisme se détruit pour ainsi
dire de lui-même. Gall n'a jamais prétendu que l'organisation matérielle de notre cerveau est la cause
première de nos penchans et de nos facultés ; il admet
un principe inconnu, insaisissable, mais réel, qui
donne à la matière cette force merveilleuse qu'on
nomme la vie. A ses yeux le cerveau n'est qu'un ins-
trument dont la puissance est en rapport avec le
développement ; et les faits abondent pour démontrer
que plus le cerveau est volumineux, plus les facultés
ou les penchans acquièrent d'énergie. Quel est le
philosophe, si sa raison ne s'est point égarée dans les

abstractions erronées d'une métaphysique nébuleuse, qui pourra méconnaître la nécessité des organes matériels pour la manifestation de l'ame? Certes il serait impossible de trouver un homme de sens qui oserait admettre que le corps n'est qu'une enveloppe inutile et gênante au développement de l'esprit.

Nous ne parlerons point des reproches d'impiété, de jonglerie, de folie ; depuis long-temps ces reproches, qui ne sont que des invectives, sont tombés dans un profond oubli.

Si nous avons été assez heureux, Messieurs, pour rendre saisissables à vos esprits les principes fondamentaux de la doctrine de Gall, vous devez facilement en découvrir les conséquences immenses pour la civilisation et le bonheur de l'homme. En effet, la philosophie, jusqu'ici si stérile en applications utiles, doit cesser de l'être, si l'homme physique et moral est véritablement dévoilé. Aussi ne tarderez-vous pas à reconnaître l'heureuse influence que les principes de la doctrine nouvelle doivent exercer sur l'éducation maternelle, la direction de l'instruction publique et privée, sur les beaux-arts, la législation, le régime des prisons, la médecine, enfin sur tout ce qui touche à l'intelligence et à la moralité de l'espèce humaine.

S'il est exact, comme Gall le démontre, que les penchans bons ou mauvais, sont innés, combien l'importance de l'éducation maternelle ne grandit-elle point tout-à-coup aux yeux des philosophes et des moralistes ! N'est-il point vrai, que dès l'âge le plus tendre, l'enfant révèle les qualités, les défauts et les vices qui seront le partage de l'homme mûr si l'éducation ne vient faire sentir sa puissante influence. Que la mère, par une faiblesse coupable, craigne de corriger les défauts de son fils encore jeune, le mal est bientôt irréparable et toute la vie l'on reconnaît dans l'homme mûr, l'enfant mal élevé, quelle que soit l'instruction qu'il puisse posséder. Bien plus, cette instruction contribue souvent à faire ressortir les dé-défauts ou les vices. Combien de fois en effet n'a-t-on pas vu des hommes, de l'esprit le plus brillant, obéir à leurs passions et se souiller des vices que venait de flétrir leur incisive éloquence. Ces exemples funestes, qui, mal à propos, ont souvent fait douter de la vertu, n'étaient et ne pouvaient être que les tristes consé-quences de l'éducation maternelle mal dirigée.

Mieux instruite à l'avenir, la mère n'écoutera plus les inspirations d'une tendresse mal entendue ; au lieu de voir dans la méchanceté, la fourberie ou le vol, des défauts que l'âge doit corriger, une mère prudente et éclairée attaquera le vice à son origine, réprimera ses efforts, et par de sages conseils adressés à l'esprit de son enfant, développera ses heureuses facultés. C'est ainsi que la femme, dont la valeur morale fut si long-temps méconnue, est appelée à devenir l'un des ins-trumens les plus utiles de l'amélioration future de la société ; car il faut bien le reconnaître, la moralité est la première base de la civilisation.

L'instruction publique et le choix d'une profession, dirigés jusqu'à ce jour par la routine ou le hasard le plus aveugle, recevront de la phrénologie une impulsion nouvelle, tout à fait en harmonie avec les facultés; l'homme alors sera, pour son bonheur et celui de ses semblables, utilisé selon toute sa valeur intellectuelle. L'on ne verra plus des obstacles sans nombre arrêter les efforts du talent, et il ne faudra plus le concours du hasard ou d'une volonté ferme pour briser les entraves opposées à la puissance du génie. Voyez combien il a fallu de courage et de persévérance à Newton (1), à Franklin (2), à Molière (3), à Rubens (4), à Fulton (5), pour se révéler au monde. Qui sait quel serait aujourd'hui le nombre des hommes qui, par la haute portée de leur intelligence ou par leurs éminens services, feraient la gloire de leur pays,

---

(1) Newton, le plus grand génie du dix-septième siècle, était destiné par sa mère à devenir un homme d'affaires : une passion irrésistible l'entraîna à l'étude des sciences, et lui fit surmonter les nombreux obstacles qu'on lui opposait.

(2) Franklin, fils d'un marchand de chandelles de Boston, fut placé à l'âge de 12 ans chez un imprimeur. Son génie l'éleva aux premières dignités de la république américaine.

(3) Molière, fils d'un tapissier, était destiné au même métier que son père.

(4) Rubens, entraîné par un goût invincible pour la peinture, abandonna la comtesse de Lalain, chez laquelle il était page, pour se livrer aux études qu'il chérissait.

(5) Fulton, destiné à être joaillier, abandonna sa profession pour étudier les mathématiques, et s'immortalisa par l'invention des bateaux à vapeur.

si la lourde chaîne d'une vicieuse organisation sociale n'avait comprimé les dons naturels les plus brillants. Faisons des vœux, Messieurs, pour que l'instruction, philosophiquement dirigée, pénètre chez les hommes de toutes les conditions, car, c'est sous sa puissance que le cœur de l'homme s'épure, que sa raison s'élève, tandis que nous voyons dans tous les temps et chez tous les peuples l'ignorance compagne du crime et du fanatisme.

La phrénologie, avons-nous dit, est encore appelée à exercer son influence sur les beaux-arts, la médecine, la législation, etc. Il est facile en effet de concevoir que les artistes, mieux éclairés, sur le rapport établi entre le physique et le moral, ne nous présenteront plus ces formes irrégulières, insignifiantes, et souvent fausses qui donnaient à la tête d'un homme vertueux l'organisation propre au vice ou aux penchans les plus méprisables.

Le médecin viendra puiser dans cette science nouvelle l'explication de la folie, des monomanies, de l'idiotisme ; il comprendra la formation des rêves et les singuliers phénomènes du somnambulisme.

Enfin le législateur, appréciant avec des données positives les besoins de l'homme, ses penchants et ses vices, leur opposera des institutions nouvelles, invoquées par la raison et la philanthropie. Oh, sans doute alors l'on verra disparaître de nos codes l'énormité de la peine capitale ; et la phrénologie prêtant son secours

aux puissantes raisons des Beccaria (1), des Rush (2),
des Destut de Tracy (3), des Lucas (4), prouvera
que le criminel n'est souvent qu'un homme momenta-
nément emporté par une passion violente , ou un fou
furieux dominé par ses penchants funestes , et que,
s'il est vrai que la société doit séquestrer ces êtres
dangereux, elle ne peut pas , sans inhumanité et sans
injustice , leur enlever l'existence.

Je termine , MM., en faisant des vœux pour que cet
aperçu rapide , nécessairement très-incomplet , vous
fasse entrevoir l'importance des vérités que nous nous
proposons de développer dans ce cours.

---

(1) Beccaria : trattato dei delitti e delle pene.

(2) Rush: an Inquiry into the effects of public punishments upon
criminals and upon society. — Philadelphie 1787. Les vues de l'auteur
furent adoptées en grande partie par son gouvernement, qui réserva la
peine de mort pour les seuls crimes de meurtre au premier degré.

(3) Discours prononcés à la tribune française.

(4) Lucas : du système pénal et du système répressif en général: de
la peine de mort en particulier. Paris 1827.

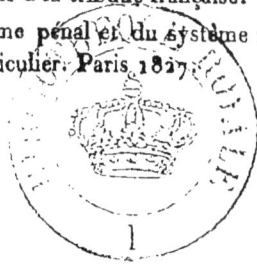